Dragons by the Dozen

English and Spanish

Inglés y Español

written by

Naomi Glasarth

illustrated by

Danh Tran

translated by

Andres Quintero

a burning butterfly book

Illustrations by Danh Tran and are created digitally.

Library of Congress Control Number:

Hardback ISBN 13 978-1-947344-72-3
Paperback ISBN 13 978-1-947344-79-2

Published by Burning Butterfly Books
Camp Verde, Arizona
www.burningbutterflybooks.com

Words to Know

dragon	dragón
happy	feliz
curious	curioso
thirsty	sediento
rowdy	ruidoso
brave	valiente
busy	ocupado
hungry	hambriento
shy	timido
hot	caliente

sweet	dulce
eager	ansioso
tired	cansado
want	deseo
butterfly	mariposa
cup	taza
tree	árbol
treasure	tesoro
flowers	flores
snack	bocadillo

uno

one

uno

UNO

1

one

ONE

One dragon.

One yellow dragon.

One happy yellow dragon.

One happy yellow dragon wants to play.

one

Un dragón.

Un dragón **amarillo**.

Un feliz dragón **amarilllo**.

Un feliz dragón **amarillo** quiere jugar.

uno

dos

two

dos

DOS

2

two

TWO

Two dragons.

Two **green** dragons.

Two curious **green** dragons.

Two curious **green** dragons want to catch the butterfly.

two

Dos dragones.

Dos dragones **verdes**.

Dos curiosos dragones **verdes**.

Dos curiosos dragones **verdes**
quieren atrapar la mariposa.

dos

tres

three

tres

TRES

3

three

THREE

Three dragons.

Three **gray** dragons.

Three thirsty **gray** dragons.

Three thirsty **gray** dragons want a cup of tea.

three

Tres dragones.

Tres dragones **grises**.

Tres dragones **grises** sedientos.

Tres dragones **grises** sedientos
quieren un taza de té.

tres

cuatro

four

cuatro

CUATRO

4

four

FOUR

Four dragons.

Four **orange** dragons.

Four rowdy **orange** dragons.

Four rowdy **orange** dragons want to climb a tree.

four

Cuatro dragones.

Cuatro dragones **naranjas**.

Cuatro dragones **naranjas** ruidosos.

Cuatro ruidosos dragones **naranjas** quieren trepar a un árbol.

cuatro

cinco

five

cinco

CINCO

5

five

FIVE

Five dragons.

Five silver dragons.

Five brave silver dragons.

Five brave silver dragons want to fly.

five

Cinco dragones.

Cinco dragones plateados.

Cinco valientes dragones plateados.

Cinco valientes dragones plateados quieren volar.

cinco

seis

six

seis

SEIS

6

six

SIX

Six dragons.

Six **brown** dragons.

Six busy **brown** dragons.

Six busy **brown** dragons want to find treasure.

six

Seis dragones.

Seis dragones **marrones**.

Seis ocupados dragones **marrones**.

Seis ocupados dragones **marrones** quieren encontrar un tesoro.

seis

siete

seven

siete

SIETE

7

seven

SEVEN

Seven dragons.

Seven **black** dragons.

Seven hungry **black** dragons.

Seven hungry **black** dragons want a snack.

seven

Siete dragones.

Siete dragones **negros**.

Sieto dragones **negros** hambrientos.

Sieto dragones **negros** hambrientos quieren un bocadillo.

siete

ocho

eight

ocho

OCHO

8

eight

EIGHT

Eight dragons.

Eight white dragons.

Eight shy white dragons.

Eight shy white dragons want to hide.

eight

Ocho dragones.

Ocho dragones blancos.

Ocho timidos dragones blancos.

Ocho timidos dragones blancos quieren esconderse.

ocho

nueve

nine

nueve

NUEVE

9

nine

NINE

Nine dragons.

Nine **violet** dragons.

Nine hot **violet** dragons.

Nine hot **violet** dragons want to swim.

nine

Nueve dragones.

Nueve dragones **violetas**.

Nueve dragones **violetas** calientes.

Nueve dragones **violetas** calientes quieren nadar.

nueve

diez

ten

diez

DIEZ

10

ten

TEN

Ten dragons.

Ten **blue** dragons.

Ten sweet **blue** dragons.

Ten sweet **blue** dragons want to smell the flowers.

ten

Diez dragones.

Diez dragones **azules**.

Diez dulces dragones **azules**.

Diez dulces dragones **azules**
quieren olar las flores.

diez

once

eleven

once

ONCE

11

eleven

ELEVEN

Eleven dragons.

Eleven **purple** dragons.

Eleven eager **purple** dragons.

Eleven eager **purple** dragons want to read.

eleven

Once dragones.

Once dragones **púpura**.

Once ansiosos dragones **púpura**.

Once ansiosos dragones **púpura** quieren leer.

once

doce

twelve

doce

DOCE

12

twelve

TWELVE

Twelve dragons.

Twelve **red** dragons.

Twelve tired **red** dragons.

Twelve tired **red** dragons want to sleep.

twelve

Doce dragones.

Doce dragones **rojos**.

Doce cansados dragones **rojos**.

Doce cansados dragones **rojos**
quieren dormir.

Hello bright and beautiful butterflies. Thank you for reading *Dragons by the Dozen: English and Spanish*.

If you enjoyed our adorable dragons, you may be interested in the entire Dragons Counting series.

Please visit us at www.burningbutterflybooks.com where we ignite imaginations one story at a time.

Naomi Glasarth draws upon her vivid imagination to craft stories for children of all ages. From colorful picture books to middle-grade science fiction and fantasy, she sets her creativity free to run wild and invites you along for the ride. When not crafting her next exciting adventure, Naomi can be found enjoying the sunshine of central Arizona where she imagines seven fantastic things each morning before breakfast. Her dogs, Blue and Bear, contribute to her stories by curling up beside her as she writes. Sometimes they slobber on her leg.

Danh Tran is a freelance illustrator with more than five years experience and has worked on a wide variety of projects including children's book illustration, video and board games, and cartoon animation.

www.ingramcontent.com/pod-product-compliance
Lightning Source LLC
LaVergne TN
LVHW071241210926
848486LV00007B/315